U0813925

中国地质大学(武汉)实验教学系列教材
中国地质大学(武汉)实验技术研究项目资助

矿石学实验

杨梅珍　刘艳荣　陆建培　编

中国地质大学出版社
ZHONGGUO DIZHI DAXUE CHUBANSHE

图书在版编目(CIP)数据

矿石学实验/杨梅珍,刘艳荣,陆建培编. —武汉:中国地质大学出版社,2009.6
[中国地质大学(武汉)实验教学系列教材]

ISBN 978-7-5625-2358-1

Ⅰ.矿…
Ⅱ.①杨…②刘…③陆…
Ⅲ.矿石学-实验-高等学校-教材
Ⅳ.P616-33

中国版本图书馆CIP数据核字(2009)第067871号

矿石学实验 **杨梅珍 刘艳荣 陆建培 编**

责任编辑:周 华 责任校对:林 泉

出版发行:中国地质大学出版社(武汉市洪山区鲁磨路388号) 邮政编码:430074
电话:(027)67883511 传真:67883580 E-mail:cbb@cug.edu.cn
经 销:全国新华书店 http://www.cugp.cn

开本:787mm×1092mm 1/16 字数:131千字 印张:5.125
版次:2009年6月第1版 印次:2009年6月第1次印刷
印刷:荆州市鸿盛印务有限公司 印数:1—1 000册

ISBN 978-7-5625-2358-1 定价:10.00元

中国地质大学（武汉）实验教学系列教材

编 委 会 名 单

目　　录

第一部分　课堂实验

第二部分　实验报告

第一部分

1 课堂实验

实验一　反光显微镜

一、实验目的

1)了解反光显微镜的基本结构及性能,学会使用反光显微镜。
2)掌握自然光、单偏光、正交偏光、斜照光的获取条件和使用方法。

二、实验内容

(一)反光显微镜的基本结构及性能

Olympus AH－M－313－L 型(图 1)和 BX－51 型反光显微镜(图 2)的基本结构及性能如下。

1)机械系统　镜座、镜臂、镜筒、物台、升降螺旋。

2)光学系统
- 目镜　10×
- 物镜　5×(低倍)、10×(中倍)、20×(高倍)
- 垂直照明系统
  - 入射光管
    - 滤色镜:用于调节光源颜色,一般可获得白光、绿色光、黄色光等单色光。
    - 滤光镜:用于调节光源的光强,一般可获得 4 种光强(强、次强、弱、最弱)。
    - 孔径光圈:用于控制入射光束直径。
    - 视域光圈:用于调节视域大小。
    - 前偏光镜:使入射的自然光变为平面偏光(直线偏光)。
  - 反射器(玻片式):改变入射光的传播方向,即把水平入射光变为垂直入射光,到达矿石光面上起照明作用。
- 上偏光镜(分析镜)

3)光源系统　卤钨灯(12V,100W)、光纤斜照灯(3.2～3.6V,3W)、变压器。

4)其他配件　光片盒、工具盒、压平台。

(二)反光显微镜的使用

1.操作步骤

1)擦净光片　在绒布擦板上摩擦光片,使光片明亮洁净,方能进行观测。

2)压平光片　把光片安装在粘有胶泥的玻璃片上,再用压平台压平。取方铅矿或黄铁矿擦净压平以待观测。

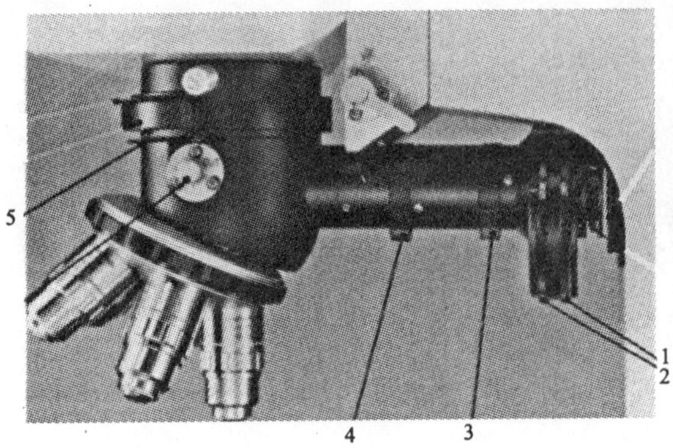

图 1　Olympus AH－M－313－L 型反光显微镜垂直照明系统结构图

1. 滤色镜；2. 滤光镜；3. 孔径光圈；4. 视域光圈；5. 前偏光镜；6. 反射器

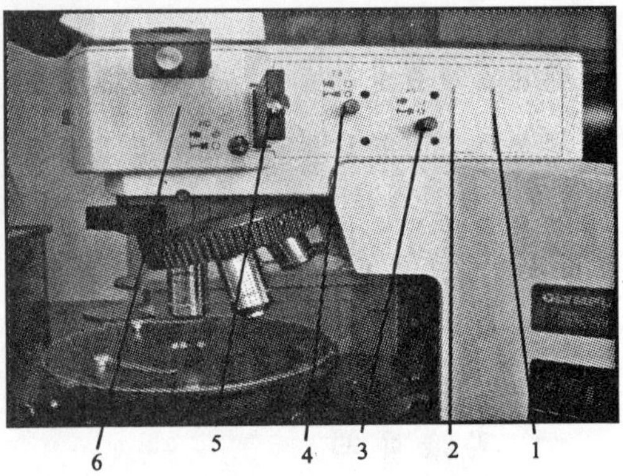

图 2　Olympus BX51 型反光显微镜垂直照明系统结构图

1. 蓝色滤色片（LBD）；2. 绿色滤色片（IF550）；3. 孔径光圈；4. 视域光圈；5. 前偏光镜；6. 反射器

3）打开光源，调节光源强度（一般用 8V 左右比较合适）。

4）调节光色和光强　旋转滤色镜和滤光镜，可以调节出不同的光色和光强。一般观测时用 LBD（白光）和光强“0”组合较为合适，必要时也用 IF550（绿色）和光强“0”的组合。

5）准焦成像　调节焦距使成像清晰。

6）观测矿物　认识并熟悉显微镜的光色和光强特征。

2. 自然光、单偏光、正交偏光、斜照光的获取条件和使用方法

1）自然光：推开（拉出）前偏光镜，拉出上偏光镜。

2）单偏光：加上（推入）前偏光镜，拉出上偏光镜。

3）正交偏光：加上（推入）前偏光镜，推入上偏光镜，对于 Olympus AH－M－313－L 型显微镜，使上偏光镜手柄“AN”对准 0°位置；对于 BX51 型显微镜，则使上偏光镜旋转盘刻度标志与手柄一致。

4）斜照光：先在显微镜下找到欲测矿物，再把显微镜光源电压调至为“0”，然后用光纤斜照灯由镜筒侧方照射矿物光面。

三、实验指导

1）复习教材中关于反光显微镜的章节，了解反光显微镜的基本结构及性能。

2）反光显微镜型号类型不同，但其三大系统（机械系统、光学系统、光源系统）相似，只是在内部结构上由于光学部件装备的完善程度、精密程度、装置方法等会因显微镜型号不同而有所差异。因此，不同型号的显微镜，其操作方法大致相同。

3）显微镜是精密光学仪器，使用时必须注意轻拿轻放，并保持清洁。

4）光纤灯和反光显微镜的光源为可变光源，不用时将其调弱。关灯时先调弱光源后再关闭开关。

5）爱护光片，不能随意刻划。用完光片后做到物归原处，切勿损坏和丢失。

6）使用完毕请将使用情况及发现的问题记录在仪器使用登记本上。

四、实验作业

1)对照实物，认识并叙述反光显微镜的基本结构及性能。

2)反光显微镜的垂直照明系统由哪些部分组成？各部分有何作用？

3)叙述获取自然光、单偏光、正交偏光、不完全正交偏光、斜照光的条件和使用方法。

五、复习思考题

1)反光显微镜与偏光显微镜在结构上有哪些相同及不同之处？

2)反射器的作用如何？比较棱镜式和玻片式两种反射器的性能。

3)与偏光显微镜相比，反光显微镜为什么不用下偏光镜而用前偏光镜？这两种偏光镜的作用一样吗？

实验二　矿物的反射率

一、实验目的

1)掌握矿物反射率的观测条件、观测方法及视测分级。

2)掌握本次实验所观测的矿物反射率镜下特征。

二、实验内容

1)利用视测对比法观测 4 种标准矿物的反射率特征。

黄铁矿　　方铅矿　　黝铜矿　　闪锌矿

2)利用多媒体图像判断下列矿物的反射率特征,并确定其反射率级别。

红砷镍矿　　赤铁矿　　铬铁矿

3)利用 4 种标准矿物,通过视测对比法观测自然金、毒砂、黄铜矿、辉锑矿、辰砂、石英等矿物的反射率特征并确定其反射率级别。

三、实验指导

1)复习教材中有关反射率的章节,掌握反射率的基本概念。通过实验观测,掌握反射率的观测条件、观测方法、镜下特征及视测分级,从而了解反射率特征在矿物鉴定中的重要意义。

2)反射率在镜下表现为不同的明亮程度。它是矿物反射率视测分级的依据。反射率高的矿物,反射光强度大,磨光面明亮、刺眼;反射率中等的矿物,反射光强度一般,磨光表面柔和,不刺眼;反射率低的矿物,反射光强度小,磨光表面暗淡。

3)视测对比法确定矿物反射率级别,是在显微镜下将观测矿物与 4 种标准矿物进行亮度对比,根据对比结果确定其反射率级别。为了正确识别反射率特征并进行视测分级,必须注意以下几点。

(1)光片必须擦净、压平,应选择磨光较好部位进行对比观测。

(2)用中、低倍物镜观测为宜,同时可以移动光片,以扩大观测视域范围,便于对比和判断矿物的亮度差异。

(3)尽量将两种矿物的光片紧密镶压在一起,以便在同一视域中同时观察到两种矿物,便于观测对比。如果两种矿物不能在同一个视域中时,可利用“视觉暂留”法,左右(或前后)移动光片,效果较好。注意镜下与实物成倒像。

(4)观测矿物反射率时只对比亮度,不对比颜色。若两种矿物反射色差别较大,可使用滤色片,在同一色光下对比两矿物的反射率,可提高观测的正确性。

(5)矿物的反射率与矿物表面磨光质量有直接关系，同种矿物由于与其共生的矿物不同可能导致其磨光表面的质量的差异，从而会造成矿物表面亮度较明显的不同，在实际观察中应注意。

(6)反射率级别是人为划分的，有些矿物的反射率与标准矿物非常接近，这些矿物称为“边界矿物”。观测时由于仪器、光片质量、人眼的视测差异等原因，可能会出现反射率会大于或小于标准矿物的情况，判断其反射率级别应以实际观测结果为准。

四、实验作业

在“实验报告二”中详细记录课堂观测的矿物反射率的镜下特征及观测分级。

五、复习思考题

1)观察反射率特征时为什么要把光片擦净、压平？

2)反射率的测定方法有几种？各有哪些优点和缺点？反射率在矿物鉴定中地位如何？

3)光片和薄片各有什么特点？不透明矿物和透明矿物在反光显微镜下反射率特征有什么不同？为什么？

4)光片的磨光质量对矿物反射率特征有何影响？举例说明。

实验三　矿物的反射色

一、实验目的

1)掌握矿物反射色的观测条件及视测分级。
2)掌握本次实验所观测矿物反射色的镜下特征。

二、实验内容

1)观测并认识下列矿物反射色的镜下特征及视测分级：

矿　物	镜下特征	视测分级
黄铜矿	铜黄色	显著颜色类
黄铁矿	浅黄色	显著颜色类
斑铜矿	玫瑰色或棕红色	显著颜色类
铜　蓝	天蓝色	显著颜色类
方铅矿	纯白色	无色类
辰　砂	灰白色	无色类
闪锌矿	灰　色	无色类
方解石	深灰色	无色类
辉银矿	灰白色带绿色色调	微弱颜色类

2)通过多媒体图像判断下列矿物的反射色特征并确定其分级：
磁黄铁矿　　辉锑矿　　黝锡矿　　铬铁矿
3)独立观测并认识自然金、赤铁矿、砷黝铜矿、红砷镍矿、黑钨矿、石英的反射色特征。

三、实验指导

1)复习教材中有关反射色的章节，掌握反射色的基本概念。通过实验观测，掌握反射色的观测条件和视测分级，认识反射色在矿物鉴定中的重要意义。

2)光片必须擦净、压平，切忌有锖色和脏物，最好观察新抛磨的光片。对于极易锖色的矿物如斑铜矿，在很短时间内其颜色由浅粉棕色变为红色然后变为紫色，即使在同一光片中，颜色色调变化也较大，因此，颜色描述一般只是近似的，且多以新鲜光面的颜色为准。

3)用中、低倍物镜观测为宜。要求在纯白色入射光下观测，以便能正确反映反射色的本来特征。

4)矿物反射色多会受其连生矿物的颜色的影响，这种现象称"视觉色变"。如黄铁矿若与方铅矿连生，浅黄色反射色很明显；若与黄铜矿连生，浅黄色反射色就被黄铜矿的黄色反射色掩盖而显出黄白色。为了避免视觉色变的干扰，可将其与方铅矿(纯白色)进行对比，以消除视觉色变影响，以得出正确结论。

5)微弱颜色类矿物，其微弱的颜色色调不易识别，应选择与方铅矿(纯白色)连生的部位或与方铅矿镶压在一起观测，微弱颜色就容易显现出来。如辉银矿的绿色色调不明显，若与方铅矿连生在一起就比较清楚，易识别。

6)矿物的反射色的分类是人为划分的。有些矿物则常处于两种过渡类型之间(如磁黄铁矿)，描述时应以实际观测特征为准。

四、实验作业

在"实验报告三"中详细记录课堂观测反射色的镜下特征并确定其分级。

五、复习思考题

1)矿物的反射色与反射率之间有何关系？

2)什么叫"视觉色变"？观测矿物反射色时应如何消除"视觉色变"的影响？

3)在对极易锖色的如硫锰矿、斑铜矿和辉铜矿等矿物反射色特征观察时应注意些什么问题？

4)为什么辰砂的反射色与它的颜色不同？

实验四　矿物的双反射及反射多色性

一、实验目的

1)掌握矿物双反射及反射多色性的观测条件、观测方法和视测分级。

2)掌握本次实验所观测的矿物双反射及反射多色性的镜下特征。

二、实验内容

1)在单偏光下通过观测典型矿物，认识双反射及反射多色性的镜下特征及视测分级：

矿　物	镜下特征
铜　蓝	可见双反射(天蓝色—蓝白色)
辉锑矿	可见双反射(灰白色—灰色)
毒　砂	可见双反射(亮白色—白色略带黄色色调)
黑钨矿	未见双反射
闪锌矿	未见双反射

2)利用多媒体图像判断下列矿物双反射及反射多色性的镜下特征及视测分级。

黄铜矿　　雌黄　　石墨　　黝锡矿

3)独立观测辉钼矿、方铅矿、斑铜矿、红砷镍矿、方解石、辉铋矿的双反射及反射多色性，描述其特征并确定其分级。

三、实验指导

1)复习教材的有关章节，掌握双反射及反射多色性的基本概念，通过实验掌握其观测条件、观测方法、镜下特征及视测分级。

2)光片必须擦净、压平，保证视域亮度均匀，防止观测误差。注意过强的光源不利于确认微弱的颜色和亮度变化，因此，适当把光源调弱。

3)不同方位的颗粒集合体比单独颗粒易于观测微弱的亮度和颜色变化，故选择颗粒集合体和具双晶的颗粒。注意观测同种矿物的颗粒边界，对识别双反射及反射多色性的特征效果较好。可先在不完全正交偏光下观测，找出矿物的颗粒界限，然后去掉上偏光镜，仍在原视域内仔细观察矿物颗粒界线两侧有无反射率或反射色的变化，这样做，能帮助判断镜下特征，效果较好。如无集合体或矿物颗粒较大，可多看几个视域，以便得出正确结论。

4)无色类矿物主要表现为亮度的变化，而显著颜色类矿物则还表现出颜色变化，使双反射现象更容易观察。

四、实验作业

在“实验报告四”中记录实验所观测的结果，描述矿物双反射及反射多色性的特征并确定其分级。

五、复习思考题

1)为什么矿物集合体比单个颗粒易于观测双反射及反射多色性？

2)反射多色性与双反射有何异同？结合实例说明。

3)矿物双反射特征除了鉴定意义外，同时可以利用它观察矿物的哪些特征？

实验五　矿物的均质性及非均质性

一、实验目的

1)掌握矿物的均质性和非均质性的观测条件、观测方法和视测分级。

2)掌握本次实验所观测的矿物均质性和非均质性的镜下特征。

二、实验内容

1)用严格正交偏光法和不完全正交偏光法观测和认识下列矿物的均质性和非均质性特征。

矿　物	镜下特征
铜　蓝	强非均质性(红棕—火红色)
辉锑矿	强非均质性(灰蓝—灰白—褐色)
毒　砂	强非均质性(蓝绿—红棕色)
黑钨矿	弱非均质性
闪锌矿	均质性

2)利用多媒体图像认识下列矿物的均质性、非均质性特征并确定其分级。

辉钼矿　　钛铁矿　　黝锡矿　　方铅矿

3)用严格正交偏光法或不完全正交偏光法独立观测赤铁矿、辉铜矿、磁黄铁矿、黝铜矿、辉铋矿的均质性和非均质性,描述其特征并确定其分级。

三、实验指导

1)复习教材有关章节,掌握矿物均质和非均质性的基本概念。通过实验认识均质性和非均质性镜下特征。掌握观测条件、观测方法和视测分级。了解其重要鉴定意义。

2)光片必须擦净、压平以防止产生观测误差。

3)一般采用严格正交偏光法条件或不完全正交偏光法观察。一方面可以通过旋转物台时由于颜色的突然变化使非均质效应更容易观察;另一方面,采用较强的光源观察效果较好。

4)多选用在中、低倍物镜下观测不同方位的颗粒集合体,且注意颗粒界限及颗粒内部双晶等。另外,由于颗粒切片方位不同,同种矿物的亮度和偏光色的变化也会有差异,故应多观测几个视域,认识其总体特征后再确定其分级。

5)具强内反射的矿物在严格正交偏光下可显示内反射特征(具透明感),将严重干扰均质性和非均质性的观测。可将上偏光镜偏转一定角度或降低物镜倍数(如 10×改为 5×),这样可以减少内反射的干扰。

6)矿物非均质性的强弱是在正交偏光下据其明暗变化程度定性划分的。某些矿物的非均质性属于强弱的过渡类型,且由于切片方位的影响,观测时其分级可能为强非均质性,也可能为弱非均质性,定级时应以实际观测结果为准。

四、实验作业

在"实验报告五"中记录实验所观测的结果,描述矿物均质性和非均质性的镜下特征并确定其分级。

五、复习思考题

1)根据观测结果,比较严格正交偏光法和不完全正交偏光法的观测效果。

2)均质性和非均质性与双反射有何关系?结合具体矿物说明。

3)矿物的非均质性除了具有重要的鉴定意义外,还可以借助它观察矿物的哪些特征?

实验六　矿物的内反射

一、实验目的

1)掌握矿物内反射的观测条件、观测方法和视测分级。

2)掌握本次实验所观测的矿物内反射的镜下特征。

二、实验内容

1)用斜照光法观测和认识下列矿物的内反射特征。

矿　物	内反射特征
孔雀石	显内反射(翠绿色)
石　英	显内反射(灰白色)
辰　砂	显内反射(棕红色)
黑钨矿	显内反射(棕红色),不显著,需选择裂隙发育处观测,可见棕红色内反射
赤铁矿	显内反射(朱红色),不显著,在裂隙、凹坑及少数晶体边缘可见朱红色内反射
磁黄铁矿	不显内反射

2)用严格正交偏光法观测和认识孔雀石、黑钨矿的内反射特征,并与斜照光法对比。

3)利用多媒体图像判断下列矿物的镜下特征并确定其内反射分级。

蓝铜矿　　铬铁矿　　磁铁矿　　闪锌矿

4)独立观测雄黄、锡石、赤铜矿、方铅矿、石墨等矿物的内反射特征,确定其内反射分级。

三、实验指导

1)复习教材中有关章节,掌握内反射的基本概念,通过实验认识内反射的镜下特征,掌握内反射的观测条件、观测方法和视测分级。

2)斜照光法选用中、低倍物镜,调整光纤斜照灯,使视域最明亮便于观测。严格正交偏光法,选用高倍物镜和强光源效果较好。选择颗粒边缘以及裂隙附近观察效果好。

3)高硬度或低硬度的矿物常产生糙面或擦痕,故在斜照光下能显出漫反射现象(具耀眼光亮,无透明感),如磁黄铁矿。应注意把这种现象与内反射的特征区别开。

4)在矿物光片裂隙或空洞中往往残留有磨料(如砖红色的 Fe_2O_3,绿色的 Cr_2O_3),它们也会形成内反射并具有较鲜明的颜色，切勿将其误认为是矿物的内反射。为了避免这种现象发生，最好再在自然光下检查确认。

5)注意不要把正交偏光下的偏光色误认为是内反射色。偏光色在不完全正交偏光下较明显，在斜照光下则不明显，具规律性变化、均匀、无透明感。内反射在严格正交偏光下矿物处于消光位时才显示，在斜照光下更明显，无规律性变化、不均匀，有透明感，于裂隙、解理、颗粒边缘部分易显示出来。

6)有些无色透明矿物(如石英、方解石等)，其内反射色应为云雾状或毛玻璃状的灰白色。由于斜射白光进入矿物内部后发生色散，产生少量干涉现象，使得矿物内部显示"彩色"，注意勿将这种现象当作是"彩色内反射色"。

四、实验作业

在"实验报告六"中记录实验的结果，描述内反射的特征并确定其分级。

五、复习思考题

1)以黑钨矿为例，比较严格正交偏光法与斜照光法观测内反射的效果。

2)以辰砂和铜蓝为例，说明在正交偏光下内反射与偏光色有何不同？

3)为什么孔雀石的内反射色与矿物颜色相似又与反射色不同？

4)矿物的内反射与其反射率、反射色之间有何关系？

实验七　矿物的硬度

Ⅰ　刻划硬度与抗磨硬度

一、实验目的

1)掌握刻划硬度、抗磨硬度的观测条件、观测方法和视测分级。

2)了解显微硬度仪的基本结构和性能，学会使用显微硬度仪测定矿物的维氏硬度。

二、实验内容

1)利用金属针刻划法认识下列典型矿物的刻划硬度特征及视测分级。

黄铁矿:高硬度(钢针刻不动)

闪锌矿:中硬度(钢针能刻动，铜针刻不动)

方铅矿:低硬度(铜针能刻动)

2)利用接触亮线移动法观测黄铜矿和磁黄铁矿的抗磨硬度。

磁黄铁矿的抗磨硬度大于黄铜矿(下降物台接触亮线向黄铜矿移动)。

3)独立观察矿物的刻划硬度和抗磨硬度。

(1)观测毒砂、黄铜矿、锡石、辉钼矿、黝铜矿的刻划硬度特征并确定其分级。

(2)观测辉银矿和方铅矿、砷黝铜矿和方铅矿、钛铁矿和磁铁矿的抗磨硬度大小。

三、实验指导

1)复习教材的有关章节，掌握矿物硬度的基本概念，并通过实验掌握刻划硬度、抗磨硬度的测定条件、测定方法、镜下特征及硬度分级。

2)刻划硬度是用金属针刻划矿物光面来确定其硬度级别，它是编制矿物鉴定表的基础。要获得正确的观测结果应注意:

(1)光片必须擦净，方能观测矿物的刻划硬度。因为光片不清洁，用金属针刻划，仅划掉光片上的氧化被膜或灰尘、污垢等而留下的“划痕”，不是真的划痕，会影响正确判断刻划硬度。

(2)刻划硬度需在镜下进行，因此，要在中、低倍物镜下观测以保证足够的工作距离。注意不能拿在手上刻划。

(3)要正确掌握刻动与刻不动的判别标志。矿物被金属针刻动，会显露出明显的刻痕，呈凹陷的痕迹或呈黑色痕迹不反光，有时划痕两侧堆积有矿物粉末，手有刻破的感觉。刻不动则不显痕迹或偶见不明显的痕迹，手有滑感。

(4)金属针与光片的角度以30°～40°为宜，用力要自然适中。另外，铜针一般不够标准，直接影响刻划硬度的观测，需转动铜针，采用不同方向刻划，观测刻划结果。铜针刻划硬度较高的矿物时，常会留下铜针粉末造成的痕迹，注意不能误认为是刻动矿物的划痕。

(5)刻划硬度还可以根据矿物磨光表面划痕的相对数量和深度来估计。穿过两种矿物颗粒边界的划痕可以指示矿物相对刻划硬度，软矿物中的划痕深一些，数量也多一些。刻划硬度低的矿物其磨光面几乎总是保留有划痕（如石墨、辉钼矿、自然银、自然金），高硬度的矿物较难获得好的磨光表面，多出现麻点或凹坑。因此，注意观察矿物表面抛光特征可帮助认识矿物的硬度特征。

(6)实践中，矿物抗磨硬度是通过与一种或几种相对常见的矿物对比来测定，如黄铁矿、方铅矿、黄铜矿。采用接触亮线移动法以判断相邻矿物抗磨硬度的相对大小。一般选用中、高倍物镜观测。可选择两个矿物接触界线细而清晰的地方，适当缩小孔径光圈，观测效果较好。对于硬度悬殊的相邻矿物则应注意它们的表面突起特征，高硬度者相对突起，低硬度者相对凹下。

四、实验作业

在“实验报告七”中记录实验结果，描述刻划硬度、抗磨硬度的特征，确定刻划硬度的级别及抗磨硬度的相对大小。

五、复习思考题

1)根据自己的体会总结刻划硬度刻动与刻不动的区别标志。

2)结合实验，总结在何种条件下观测抗磨硬度效果较好？两相邻矿物的硬度相差太悬殊，能不能用接触亮线移动法观测抗磨硬度？

3)矿物刻划硬度和抗磨硬度的相对大小可以反映在矿物磨光表面的哪些特征上？总结矿物硬度与矿物磨光性之间的关系。

Ⅱ　显微抗压硬度

一、实验目的

1)了解显微硬度仪的基本结构和性能。

2)掌握显微硬度仪测定矿物的显微抗压硬度的一般步骤。了解影响矿物抗压硬度的主要因素。

二、实验内容

(一)HV-1000B型数显显微硬度仪的基本结构及性能

主要由测微反光显微镜、加荷装置两大系统构成。其主要结构包括机体、工作台、升降丝杠、加载系统、软键显示操作面板、高倍率光学测量系统等(图1)。通过软键输入,能调节光源强度、预置保荷时间以及维氏、诺普压头的切换。软键面板上的LCD显示屏能显示测量方法、负荷、压痕长度、硬度值、保荷时间、测量次数等,并能键入测量时间。测量结果由打印机输出。

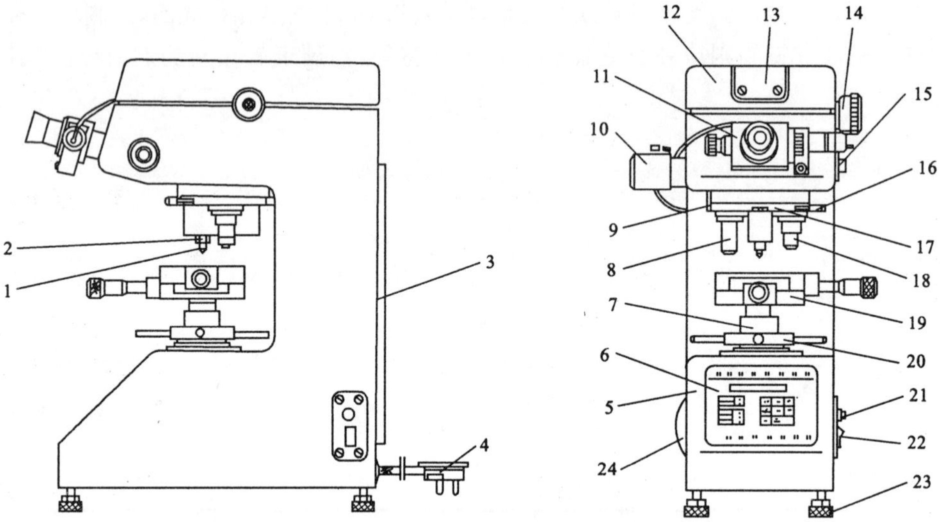

图1 HV-1000B型数显显微硬度仪结构图

1.压头;2.压头螺钉;3.后盖;4.电源插头;5.主体;6.显示操作面板;7.升降丝杆;8.10×物镜;9.定位弹簧;10.测量照明灯座;11.数字式测微目镜;12.上盖;13.照相接口盖;14.试验力变换手轮;15.照相、测量转换拉杆;16.物镜、压头转换手轮;17.转盘;18.40×物镜;19.十字试台;20.旋轮;21.电源指示灯;22.电源开关;23.水平调节螺钉;24.面板式打印机

(二)矿物显微抗磨硬度的测试步骤

1.设置负荷

转动负荷变换手轮,选择符合要求的负荷。旋转变换手轮时,应动作缓慢,防止动作过快产生冲击。

2.镜下聚焦

将欲测矿物光片安放在样台上,调节升降丝杆的旋轮使显微镜聚焦成像。最好在10×物镜下找到欲测矿物并将其放在视域中心,然后选用40×物镜准焦成像。

3. 压入压痕

将转换手柄逆时针转动,使压头主轴位于试样之上。按下“START”键,开始施加压力,(LOADING)LED指示灯亮。当加荷时间到时,卸载指示(UNLOADING)LED亮。在LED

未灭前，不得转动压头测量转换手柄，否则会影响压痕测量精度，甚至损坏仪器。

4. 测量压痕对角线长度

1）将转换手柄顺时针转动，使 40× 物镜处于主体前方，这时可在目镜中测量压痕对角线长度。

2）在测量前，先将测微镜右边的鼓轮顺时针旋转，使目镜内的两刻线边缘靠拢，直至当两刻线间处于无光隙的临界状态时，按下“CL”键清零。

3）先转动左侧鼓轮，使左边刻线对准压痕一角，再转动右侧鼓轮，使右侧刻线对准压痕另一角，此时按下测微目镜下方的按钮，LCD 屏上显示 D1 值，同时光标转入 D2。按照同样的方法测试另一对角线长度，LCD 屏上就显示出 Hv 值。

三、实验指导

1）金刚石压头和压头轴是仪器的精密零件，因此在操作的整个过程中都要十分小心，除施压测试时外，其他时间都不要触及压头。

2）选定测量硬度的矿物颗粒不应过小，至少超过压痕直径数倍；同时测试部位尽量避开裂隙、颗粒边缘。

3）抗压硬度测试注意选择施压时间和负荷。为了便于资料对比，一般采用 0.98N 的负荷，施压时间 15s。同时要注意观察压痕形态特征（如完整与否，有无裂隙和内凹、外凸现象）。

4）一般要进行多次测定，以 15～30 次为宜，注意多次测定的压痕之间的距离也至少要超过压痕对角线长数倍；考虑到矿物不同方向其硬度值的差异（即使是均质性矿物），因此，对于多次测定的结果取其变化范围值。

5）显微硬度仪灵敏度很高，微弱的振动会造成压痕明显变化，在仪器座下垫以橡胶或海绵垫以防止震动带来的误差。为防止电流震动，在压入金刚石压头之前将硬度仪照明灯关掉。

6）在矿物鉴定中，抗压硬度具有重要鉴定意义，但只有和其他资料结合使用才能体现其鉴定价值。同时，矿物抗压硬度测定可以应用于矿物标型研究。

四、实验作业

用 HV－1000B 型显微硬度仪测试黄铜矿、磁铁矿和闪锌矿的 Hv 硬度值，将实验结果填写在“实验报告七”表中。注意观察不同矿物的压痕特征。并分析产生测试误差的主要原因及应注意的问题。

五、复习思考题

1）矿物抗压硬度测试误差产生的主要原因及应注意的问题。

2）矿物的抗压硬度、刻划硬度、抗磨硬度之间的关系。

实验八　矿物的物理性质小结

一、实验目的

1)通过复习掌握矿物各种物理性质的基本概念及相互关系。

2)通过系统观测矿物的物理性质,进一步掌握各种物理性质的观测条件、观测方法、镜下特征及视测分级。

二、实验内容

1)系统观测 4 种未知矿物的 6 种物理性质特征。

2)观测并复习以前实验中掌握得不牢固的某些矿物的物理性质特征。

三、实验指导

1)系统复习矿物各种物理性质的基本概念,注意利用各种物理性质间的相互关系,指导镜下观测。

2)矿物的反射率和硬度能定量测定,常作为编制矿物鉴定表的依据,是重要的物理性质。反射色的鉴定意义广泛,对具有特征反射色的矿物其鉴定意义尤为显著。双反射与非均质性对非等轴晶系矿物,具有独特的鉴定意义,也是与等轴晶系矿物的区别标志。内反射是区别不透明矿物与透明、半透明矿物的标志,也是透明、半透明矿物的重要鉴定特征。学会综合利用各种物理性质的观测条件、观测方法、镜下特征及划分级别的标志。

3)总结以前各实验中的关键提示,以求迅速而正确地进行观测。

四、实验作业

在"实验报告八"中记录实验的观测结果,描述所观测矿物的各种物理性质镜下特征及视测分级。

五、复习思考题

1)试以铬铁矿、黄铜矿、辉钼矿为例,说明矿物的双反射和均质、非均质性之间的关系。

2)以黄铁矿、辰砂、石英为例,说明反射率、内反射、反射色和矿物颜色之间的关系。

实验九　矿物的综合鉴定

一、实验目的

1)掌握未知矿物综合鉴定的基本方法和步骤。
2)学会使用教材中的矿物综合鉴定表。

二、实验内容

综合运用已学过的各种鉴定方法，系统鉴定 3～4 种未知矿物。

三、实验指导

1)复习教材中有关矿物综合鉴定的论述，了解综合鉴定的基本概念，熟悉矿物综合鉴定表的各项内容及使用方法。

2)未知矿物综合鉴定的主要依据是矿物的物理性质、化学性质及矿物的产出特征。必须综合运用以前所学的各种物理性质和化学性质等有关鉴定方法，巩固已学习的成果，加强基本技能的训练。

3)未知矿物综合鉴定的基本方法是对比法。将观测得到的未知矿物的鉴定资料与已知鉴定资料进行对比，从而确定矿物名称。在对比过程中，需使用矿物鉴定表。教材中矿物的综合鉴定表采用“表格分组式”方法编排。实验前应熟悉鉴定表的各项内容及使用方法。要反复观测矿物特征，检查鉴定结果，客观地使用鉴定表。

4)按照对未知矿物进行综合鉴定的步骤操作，能提高鉴定效率。首先观测确定未知矿物的反射率和硬度，确定未知矿物所在鉴定表的表号。然后再观测确定未知矿物的其他各项物理性质特征。根据矿物的物理性质鉴定特征，可在选定的鉴定表中查出一组(或一个)与未知矿物性质相似的矿物。最后根据浸蚀鉴定的结果并结合矿物的产出特征，对相似矿物逐个进行筛选，定出可能的矿物名称。如果要进一步验证矿物中所含的主要化学元素，可做显微结晶化学分析，或者做电子探针分析等仪器测试以便检验鉴定结果。

5)在实验和观测过程中，必须以科学的态度和严肃认真、实事求是的精神，力求对各项特征观测准确，以期取得正确的结果。

四、实验作业

按照实验操作步骤，将未知矿物各项鉴定特征的观测结果及矿物定名详细记录在“实验报告九”的表格中。

五、复习思考题

1)举一实例说明两种矿物的物理性质相同或相似,如何进一步区分,以确定其名称。

2)通过实验,你认为提高鉴定效率和鉴定准确性的关键是什么?

3)你认为实验所用的矿物综合鉴定表使用效果如何?有何意见?

实验十　常见矿物的简易鉴定

一、实验目的

1)掌握常见矿物简易鉴定的方法。

2)认识并掌握一些常见矿物的主要鉴定特征。

二、实验内容

从矿物的物理性质、化学性质和产出特征入手,观测下列8组常见矿物,抓住每种矿物的主要鉴定特征,对其做简易鉴定。

红砷镍矿、磁黄铁矿、斑铜矿 金、黄铜矿、黄铁矿、镍黄铁矿、黝锡矿 铜蓝	辰砂、雌黄、雄黄 孔雀石、蓝铜矿、赤铜矿 锡石、闪锌矿、铬铁矿、黑钨矿
辉锑矿、辉钼矿、石墨	方铅矿、辉银矿
毒砂、黄铁矿	黝铜矿、砷黝铜矿、辉铜矿
石英、方解石	磁铁矿、钛铁矿

三、实验指导

1)在学习、掌握矿物的物理性质和化学性质特征的基础上,参阅教材中常见矿物的主要鉴定特征表,观测和认识一些矿物的主要鉴定特征。

2)注意总结各组矿物的共同特征及同组、不同组具有相似性质的矿物的主要区别。

3)观测过程中,注意总结简易鉴定和综合鉴定的区别和联系。简易鉴定是抓住矿物的主要鉴定特征,不需要对矿物的每个性质都做鉴定;但是要从矿物的诸多性质中抓主要的鉴定特征也不是一件容易的事,必须以综合鉴定为基础。二者是相辅相成的,不可偏废某一方面。

4)实际工作中,一定要注意把单个矿物的鉴定放在共生的矿物组合中,这样使鉴定变得要容易些。

5)反复观测、熟悉上述常见矿物的主要鉴定特征。

四、实验作业

1)将实验内容中所观测的矿物的主要鉴定特征详细纪录在“实验报告十”的表格中。

2)在完成规定实验内容的基础上，自由观测一张光片，确定常见矿物的名称。描述其主要鉴定特征。

五、复习思考题

1)指出下列矿物之间的主要区别。

黄铁矿——毒砂

辰砂——赤铜矿

磁铁矿——赤铁矿

钛铁矿——磁铁矿

磁黄铁矿——斑铜矿

石英——方解石

辉锑矿——辉钼矿

黝铜矿——辉铜矿

黄铁矿——黄铜矿

铜蓝——蓝铜矿

黑钨矿——闪锌矿

2)简易鉴定中涉及的主要简易鉴定特征有哪些？

实验十一　矿石构造

一、实验目的

1)认识并掌握不同成因类型矿石构造的主要形态特征。

2)掌握本次实验所观察的矿石构造的主要形成条件。

二、实验内容

通过多媒体幻灯片观察不同成因类型的矿石构造特征。

1.岩浆矿石构造

1)岩浆分异矿石构造　　块状构造、豆状构造、斑杂状构造、浸染状构造。

2)矿浆贯入矿石构造　　气孔状构造。

2.气水热液矿石构造

1)充填矿石构造　　角砾状构造、晶洞状构造、脉状构造、环状构造和胶状构造。

2)交代矿石构造　　浸染状构造、条带状构造、块状构造。

3.风化矿石构造

皮壳状构造、多孔状构造、角砾状构造。

4.沉积矿石构造

1)胶体化学沉积矿石构造　　鲕状构造、肾状构造和胶状构造

2)生物化学沉积矿石构造　　纹层状构造。

5.变质矿石构造

条带状构造、皱纹状构造。

三、实验指导

1)复习教材中有关矿石构造部分，了解矿石构造的基本概念，认识矿石构造的主要形态类型，掌握各主要成因类型的典型矿石构造特征。

2)结合具体标本按不同成因类型进行观测，掌握各类型中独特的或典型的构造，结合卡片说明，分析其基本形成条件。

3)总结各成因类型的矿石构造特征。注意区别形态相同而成因不同的矿石构造。

四、实验作业

1)按成因类型体系,观察一组典型的矿石构造标本并描述其特征。

2)选择两块典型矿石构造标本,画出矿石构造素描图。

五、复习思考题

1)据实验所见,多孔状与气孔状构造,纹层状与条带状构造有何不同?

2)如何区别变质成因与交代成因的条带状构造、风化与气水热液成因的角砾状构造、岩浆和气水热液成因的浸染状构造?

实验十二　矿石结构及矿物晶粒内部结构

一、实验目的

1)认识并掌握不同成因类型矿石结构的主要形态特征。

2)掌握本次实验所观察的矿石结构的基本形成条件。

3)认识矿物晶粒内部结构的主要类型。

二、实验内容

1)通过多媒体幻灯片,观察不同成因类型矿石结构特征和矿物晶粒内部结构特征。

2)结合具体标本,观察下列主要成因类型的矿石结构特征。

(1)熔体和溶液的结晶结构　　自形粒状结构、自形板状结构、半自形粒状结构、他形粒状结构(海绵陨铁结构)。

(2)溶液的交代结构　　文象结构、骸晶结构、交叉结构、乳浊状结构、自形粒状代晶结构。

(3)固溶体分解结构　　乳浊状结构、乳浊-叶片状结构、格状结构、叶片-格状结构、结状结构。

(4)胶体物质重结晶结构　　放射状变晶结构、花岗变晶结构。

(5)沉积结构　　草莓结构。

(6)结晶物质重结晶及动力结构　　花岗变晶结构、压碎结构、揉皱结构。

3)观察下列矿物晶粒内部结构。

(1)双晶结构。

(2)环带结构。

(3)解理结构。

三、实验指导

1)复习教材中有关矿石结构和晶粒内部结构部分,了解矿石结构和晶粒内部结构的基本概念,认识矿石结构的主要形态类型,掌握各主要成因类型的典型矿石结构特征,掌握矿物各种晶粒内部结构特征。

2)按不同成因类型进行观察,掌握各成因类型的典型结构并结合卡片说明,分析其基本形成条件。

3)总结各成因类型的矿石结构特征。注意区别形态相同而成因不同的矿石结构。

四、实验作业

1)按成因类型体系,观察一组典型的矿石结构光片并描述其特征。

2)描述实验所观察的矿物晶粒内部结构特征。

3)选择两个具有典型矿石结构的视域,画出镜下素描图。

4)在完成规定实验内容的基础上,自由观察一张矿石光片,找出其中发育的主要结构类型。

五、复习思考题

1)矿石结构的形态类型和成因类型有什么不同?

2)如何区别固溶体分解与交代成因的乳浊状结构、胶体物质重结晶和结晶物质重结晶形成的花岗变晶结构?

3)显微构造与镜下所见到的结构有何不同?

4)交代结构的判断相对比较困难,确定其成因时应注意哪些问题?

5)固溶体分解结构形态类型多样,影响形态因素可能有哪些?

6)请列举几个具有成因标型的结构实例。

实验十三　矿化阶段及矿物生成顺序

一、实验目的

1)掌握判断矿化期及矿化阶段的主要标志。

2)掌握判断矿物生成顺序的主要标志。

二、实验内容

1)通过多媒体幻灯片,观察判断矿化期、矿化阶段和矿物生成顺序的标志。

2)观察典型矿石构造和矿物共生组合间接触关系的标本,判断矿化期和矿化阶段。

3)观察典型矿石结构和矿物颗粒间的接触关系,判断矿物生成顺序。

4)独立观察一张矿石光片,鉴定出主要矿物并判断它们的生成顺序。

三、实验指导

1)复习教材中与矿化期、矿化阶段及矿物生成顺序有关的内容,掌握它们的基本概念和主要划分标志。

2)矿化期与矿化阶段的判断,必须以野外地质观测为主。在野外详细调查的基础上,根据充分的地质资料综合分析才能确定。实验室中仅能观察和认识几种比较典型的标志。

3)确定矿物生成顺序应将肉眼观察和显微镜下观察相结合。矿物的接触关系是多种多样的,交代现象在矿石中分布较普遍,矿物间的交代关系比较复杂,不易判断,必须多观察,然后结合分析加以确定。不能根据个别视域的观察内容就下结论。

四、实验作业

1)结合实验中所观察的典型矿石构造标本,描述划分矿化期、矿化阶段的主要标志。

2)结合实验中所观测的典型矿石结构光片,描述确定矿物生成顺序的主要标志。

3)观察某矿床一张光片,要求:

(1)用简易鉴定的方法鉴定出其中的 5 种常见矿物(4 种金属矿物,1 种非金属矿物),并写出各矿物的主要鉴定特征。

(2)描述该光片中主要的结构类型及它们所反映的矿物生成顺序标志,并画出两张典型的镜下素描图。

(3)根据以上资料,编制该光片中矿物生成顺序简表。

五、复习思考题

1)实验所观察的矿石标本,代表了几种划分矿化期和矿化阶段的主要标志?除了这几种外,还有哪些标志可以用来划分矿化期和矿化阶段?

2)交代结构是判断矿物形成先后的主要标志之一。除了实验观察的几种交代结构外,你还能举出几种反映矿物先后关系的交代结构?

3)为什么固溶体分解结构可作为判断矿物同时形成的标志?

实验十四　矿物的嵌布粒度测定

一、实验目的

1)学会矿物嵌布粒度的测定方法。
2)学会计算各粒级的百分含量。

二、实验内容

利用目镜微尺,用直线线测法测定某矿石中有用矿物的嵌布粒度。

三、实验指导

1)复习教材中有关矿石工艺研究部分,了解有用矿物嵌布粒度测定的几种主要方法及每种方法的特点。

2)在光片上测定有用矿物的单矿物颗粒 10 粒(或一条测线),根据有用矿物粒度大小,选择合适的物镜倍数,并选定粒级范围。

3)利用物镜微尺计算目镜测微尺的格值。

4)在光片上布置测线,要求测线平行、等距,首尾相接。测量条带状矿石时,测线要垂直条带布置。

5)测数测线上的矿物颗粒粒径时,应按测线上的随遇截距作为粒径,归入相应的粒级,不能随意扩大或缩小。

6)测定矿物嵌布粒度用的是统计方法,要求测数的矿物颗粒有一定的数量(太少没有代表性),至少要测 300～500 颗或更多才行。

四、实验作业

1)将粒度测定资料整理汇总,计算各粒级的百分含量和累计含量,并把计算结果填入“实验报告十四”的表格中。

2)将实验结果简要绘制成粒度组成曲线。

五、复习思考题

为什么说有用矿物嵌布粒度测定是矿石技术加工的重要环节?

实验十五　有用矿物单体解离度的测定

一、实验目的要求

学会有用矿物单体解离度的测算方法。

二、实验内容

1)测定某矿石中某一粒级有用矿物单体及连生体的颗粒数。
2)计算该有用矿物的单体解离度。

三、实验指导

1)复习教材中有关矿石中有用矿物单体解离度的内容,了解单体解离度的基本概念及测算方法。

2)测定有用矿物的单体及连生体颗粒数需要在双目显微镜下进行。

3)测算的单体解离度是矿石中某一粒级的有用矿物单体解离度,因此,测算前需对矿石进行破碎、筛分,然后再确定在某一粒级中进行分析测算。如要测算整个产品的有用矿物单体解离度,则须将各粒级中有用矿物单体的含量和连生体的含量分别累计起来计算。

四、实验作业

将实验结果填入“实验报告十五”的表格中。

五、复习思考题

有用矿物单体解离度的测算在选矿中有何意义?

实验十六　矿石学课程作业

一、实验目的

1)巩固所学的矿石学的基础理论和基本知识，进一步加强基本技能的训练。

2)学会把矿石学研究所获得的信息应用于矿床成因和找矿研究中，掌握宏观与微观、野外与室内密切结合的地质研究方法。

二、实验内容

1)阅读某矿床文字图件资料(附录Ⅰ)，观察该矿床标本，了解该矿床基本的地质特征和矿石的主要构造类型，尽可能寻找划分矿化期、矿化阶段的标志。

2)在镜下对在野外采集的代表性样品光片进行认真研究，详细鉴定，查明矿石中主要矿物种类、含量和典型结构特征及矿物的生成顺序。

3)按照矿石学课程作业大纲的要求，编写“矿石学课程作业”报告。

三、实验指导

1)通过认真阅读矿床的文字资料，判读图件、观察标本，从宏观到微观、从文字到图件，尽可能多地了解该矿床的主要地质特征和矿石特征。

2)镜下对矿物种类、含量及典型结构进行认真观察，并做详细记录，典型的矿石结构要做镜下素描图或照相，并加以说明。

3)根据已有的资料，结合矿床学、矿物学等学科的基础知识尝试分析矿床成因及成矿物理化学条件，找矿方向等。

4)观察要认真、实事求是，结论要有根据。

四、实验作业

1)将镜下光片鉴定结果及镜下素描图认真记录在“实验报告十六”的表格中。

2)按“矿石学课程作业提纲”(附录Ⅱ)编写“矿石学课程作业报告”。

附录 I　湖南瑶岗仙脉状钨矿床

1. 地质概况

瑶岗仙钨矿床位于南岭复杂构造带北缘新华夏复式褶皱带老虎垅背斜倾伏端——瑶岗仙背斜轴部。区内褶皱、断裂发育，岩浆及热液活动频繁，钨矿规模大，且伴随有 Ag、Cu、Mo、Sn 矿化。

区内出露有寒武系、泥盆系、侏罗系及第四系地层等。其中赋矿围岩为寒武系石英砂岩、硬砂岩和杂色板岩以及泥盆系底砾岩、石英砂岩及含泥砂岩。脉状钨矿脉主要受 NNW、NE 和 NWW 向断裂裂隙控制。岩浆岩主要为燕山早期瑶岗仙复式花岗岩深成侵入体，岩性为中细粒白云母钾长花岗岩。

2. 矿化特征

钨多金属矿化以开放裂隙的热液脉体充填为特征，显示多阶段脉体生长特征。热液脉体与瑶岗仙中细粒白云母钾长花岗岩基株密切相关。矿化脉体之间的穿插关系及矿物组合特征显示热液成矿作用具有多阶段特点。其中钨矿化主要集中在石英一黑钨矿阶段(II)；铜矿化主要集中于石英一多金属硫化物阶段(III)。采集的矿石标本分别为 YII，YIII。主要的金属矿物为氧化物、含氧盐以及硫化物和硫盐类矿物。非金属矿物主要为石英，其次还有长石、白云母、电气石和萤石。

矿石构造：梳状、晶洞状、角砾状、晶簇状和浸染状等。

围岩蚀变类型：主要有云英岩化、硅化和绢云母化。

3. 矿床成因

根据已有的研究资料，初步认为该含钨石英脉矿床为高中温热液充填矿床。

附录Ⅱ　矿石学课程作业提纲

前言

简要说明矿床的地理位置，地质资料来源、课程作业的工作量、工作时间及工作程度。

一、矿床地质简介

据现有的地质资料，简要阐明矿床的主要地质特征（包括与矿床有密切关系的地层、构造、岩浆岩特征；矿体的形状、产状、大小和近矿围岩蚀变特征及矿石特征等）。

二、矿石特征

1. 矿石类型

通过实验观测并结合地质资料，阐述矿石的主要自然类型。

2. 矿石的矿物成分

通过肉眼观察，了解矿石的大概矿物组成。通过镜下研究，描述常见矿物的主要鉴定特征（包括矿物名称、化学式及所属晶系）；对不常见的矿物还要求做综合鉴定。

根据鉴定结果，结合引用资料，编制矿物成分一览表。可按矿物成分的含量、成因、化学组分或工业意义等特点，进行设计和编制，力求简明扼要，一目了然。

3. 矿石的结构构造及矿物晶粒内部结构

可按其成因分类和产出特点描述它们的特征，同时尽可能分析其形成条件及矿物间的相对时间关系等成因问题。应选择有成因意义的组构绘制素描图以便更清楚地说明正文。

三、矿化阶段和矿物生成顺序的分析

参阅文献资料，结合室内观察、研究结果，对成矿过程进行初步的综合分析。划分本矿床的矿化期和矿化阶段并确定矿物的生成顺序和世代。力求论证有据可信，将所收集的资料编制成矿物生成顺序简表，需配合典型的素描图，形象地说明形成时间关系。

四、矿石的工艺特性

测定矿石中有用矿物的嵌布粒度和矿物的体积分数，并计算有用组分的质量分数。

结　语

概括小结对矿床成因的初步认识，说明存在的问题。

简要总结此次矿石学课程作业的体会与收获。

附录Ⅲ 矿石鉴定报告实例

样品编号:g1 采样地点:ZK3301－H3 野外定名:闪锌矿黄铜矿矿石 产地:海南某铜锌多金属矿床

【标本观察】

灰色,细脉浸染状构造,石英—黄铜矿—闪锌矿细脉穿插于蚀变岩中,可见粗粒的黄铜矿和闪锌矿分布于石英细脉中。金属矿物体积分数为10%左右。

【镜下鉴定】

矿物组成及特征:主要金属矿物有黄铜矿、黄铁矿、闪锌矿、方铅矿、斑铜矿、赤铁矿、铜蓝、脆硫锑铅矿、褐铁矿等。

黄铜矿(Cp):主要金属矿物之一,其体积分数约为6%。多呈不规则状分布在脉石矿物中,或呈脉状分布在黄铁矿裂隙中构成脉状穿插结构,一部分呈细小的乳滴状分布在闪锌矿中构成固溶体出溶结构(照片g1－1)。粒径从0.03～8mm不等。其内部多有斑铜矿-铜蓝细脉(照片g1－2)及闪锌矿的星状出溶物(照片g1－3)。常具有褐铁矿的反应边结构。结构特征显示黄铜矿交代黄铁矿、赤铁矿,而其自身被方铅矿、脆硫锑铅矿、铜蓝、褐铁矿等交代。

黄铁矿(Py):体积分数约为1.5%。自形-他形粒状结构,立方体晶形常见。粒径在0.2～0.3mm之间,最大可达1mm左右。多被黄铜矿、闪锌矿等及其他透明矿物交代构成交代残余结构(照片g1－4)。

闪锌矿(Sph):体积分数约为1%。呈不规则粒状分布,粒径在0.02～6mm之间。常与黄铜矿构成固溶体出溶结构(闪锌矿中分布黄铜矿细小乳滴、闪锌矿在黄铜矿中呈星状出溶物)。并可见其交代黄铁矿。

方铅矿(Gal):体积分数<0.5%。不规则粒状,粒径在0.02～0.5mm之间,交代黄铜矿、黄铁矿、闪锌矿,与脆硫锑铅矿连晶(照片g1－5)。

赤铁矿(Hm):体积分数<0.5%。呈板状、针状、短柱状晶形,呈放射状集合体(照片g1－6),粒径0.02～0.5mm之间,被黄铁矿、黄铜矿、方铅矿、闪锌矿等交代。

铜蓝(Cv):体积分数<0.5%。铜次生矿物,多呈细脉状与斑铜矿一同分布在黄铜矿中(照片g1－2)。

褐铁矿(Lm):不多见,主要分布在黄铜矿边缘,由黄铜矿中的铁质氧化而来。

组构特征:细脉浸染状构造;自形-他形粒状结构、固溶体出溶(乳滴状、星状)结构、细脉状穿插结构、反应边结构及交代残余结构。

可能的结晶顺序:赤铁矿→黄铁矿→黄铜矿、闪锌矿→方铅矿、毛矿→斑铜矿→铜蓝→褐铁矿。

矿石成因分析:矿石脉状构造发育,显示明显的热液交代充填特征。黄铜矿＋斑铜矿＋铜蓝是胶结带矿物组合特征,褐铁矿的出现也反映了矿床经历了表生氧化作用。说明矿石经历了从内生热液交代和次生氧化作用过程。

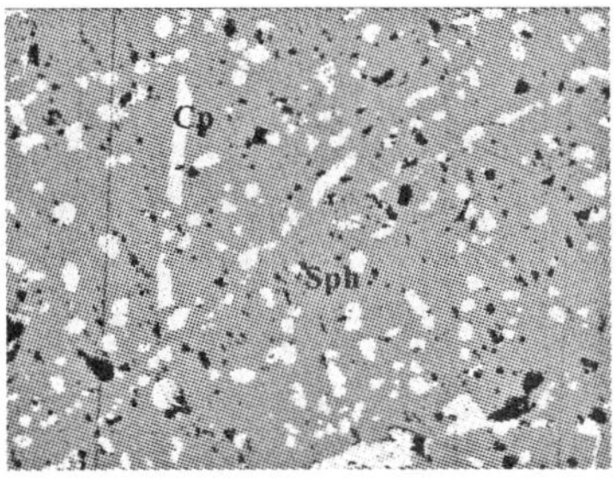

照片 gl－1　d＝0.8mm

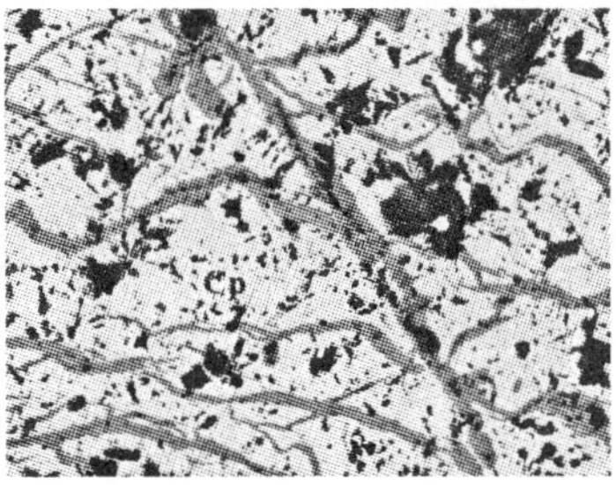

照片 gl－2　d＝0.4mm

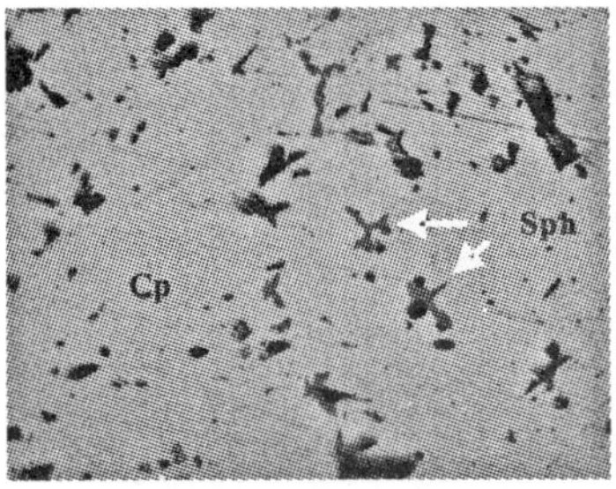

照片 gl－3　d＝0.8mm

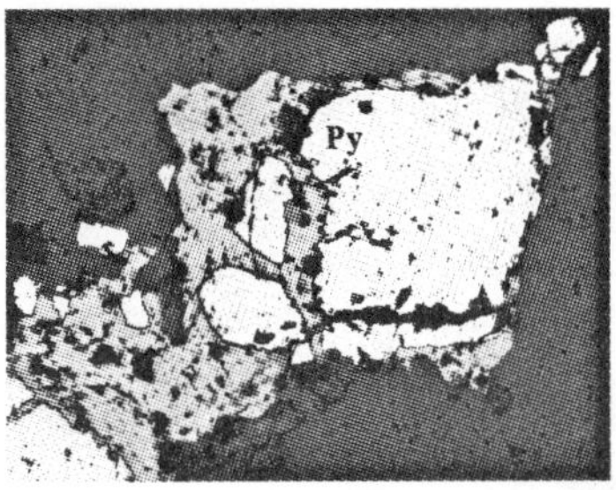

照片 gl－4　d＝0.8mm

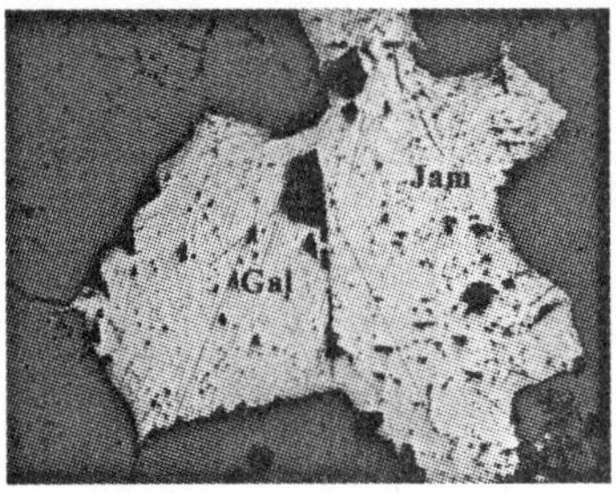

照片 gl－5　d＝1.6mm

照片 gl－6　d＝0.8mm

附录Ⅳ　常见矿石矿物分子式及英文名

矿物名称[分子式]	英文名称	英文名称缩写
自然金[Au]	native gold	Au
自然银[Ag]	native silver	Ag
银金矿[Au Ag]	electrum	Elt
辉银矿[Ag_2S]	argentite	Arg
黄铁矿[FeS_2]	pyrite	Py
方铅矿[PbS]	galena	Gal
黝铜矿[$(Cu,Fe)_{12}Sb_4S_{13}$]	tetrahedrite	Tet
闪锌矿[ZnS]	sphalerite	Sph
黄铜矿[$CuFeS_2$]	chalcopyrite	Cp
磁黄铁矿[FeS]	pyrrhotite	Po
毒 砂[FeAsS]	arsenopyrite	Apy
白铁矿[FeS_2]	marcasite	Mar
红砷镍矿[NiAs]	niccolite	Nic
镍黄铁矿[$(Fe,Ni)_9S_8$]	pentlandite	Pel
黝锡矿[Cu_2FeSnS_4]	stannite	St
锡 石[SnO_2]	cassiterite	Ct
硫锰矿[MnS]	alabandite	Alb
金红石[TiO_2]	rutile	Rt
辉铜矿[Cu_2S]	chalcocite	Cha
斑铜矿[Cu_5FeS_4]	bornite	Bn
铜 蓝[CuS]	covellite	Cv
砷黝铜矿[$(Cu,Fe)_{12}As_4S_{13}$]	tennantite	Tt
硫砷铜矿[Cu_3AsS_4]	enargite	En
辰砂[HgS]	cinnabar	Cin
雄黄(AsS]	realgar	Rel
雌黄[As_2S_3]	orpiment	Opm
黑钨矿[$(Fe,Mn)WO_4$]	wolframite	Wf
辉锑矿[Sb_2S_3]	stibnite	Stb
辉钼矿[MoS_2]	molybdenite	Mol
辉铋矿[Bi_2S_3]	bismuthinite	Bis
磁铁矿[Fe_3O_4]	magnetite	Mt

赤铁矿[Fe_2O_3]	hematite	Hm
钛铁矿[$FeTiO_3$]	ilmenite	Ilm
铬铁矿[$(Fe, Mg)(Cr, Al)_2O_4$]	chromite	Cr
赤铜矿[Cu_2O]	cuprite	Cup
孔雀石[$CuCO_3 \cdot Cu(OH)_2$]	malachite	Mi
蓝铜矿[$2CuCO_3 \cdot Cu(OH)_2$]	azurite	Azr
针铁矿[$\alpha - FeO \cdot OH$]	goethite	Got
纤铁矿[$\gamma - FeO \cdot OH$]	lepidocrocite	Lep
石墨 [C]	graphite	Grap
石英 [SiO_2]	quartz	Q
方解石 [$CaCO_3$]	calcite	Ct

附录Ⅴ 几种不同型号反光显微镜的视域直径

显微镜型号	目镜	物镜	视域直径 d/mm	
			普通镜头	照相镜头
PoladumⅢ型	6×	6×	2.63	
	6×	10×	1.65	
	6×	24×	0.66	
	10×	6×	2.04	
	10×	10×	1.28	
	10×	24×	0.51	
Olympus AH-M-313-L型	10×	5×	4.0	1.74
	10×	10×	2.0	0.87
	10×	20×	1.0	0.44
	10×	50×	0.4	0.18
Olympus BX-51型	10×	5×	4.44	1.6
	10×	10×	2.22	0.8
	10×	20×	1.11	0.4
	10×	50×	0.44	0.16
Othoplan型	10×	5×	4.0	3.4
	10×	10×	2.0	1.7
	10×	20×	1.0	0.85
	10×	50×	0.4	0.34

第二部分

2 实验报告

实验报告一　反光显微镜

一、反光显微镜的垂直照明系统由哪几部分组成？各部分的作用是什么？

二、对照自己使用的反光显微镜，叙述获取自然光、单偏光、正交偏光、斜照光的方法。

实验报告二　矿物的反射率

一、把观测的4种标准矿物的反射率特征填入下表中。

矿物名称	镜下特征 （明亮程度，相邻两个标准矿物的对比情况）
黄铁矿 （FeS_2）	
方铅矿 （PbS）	
黝铜矿 [$(Cu,Fe)_{12}Sb_4S_{13}$]	
闪锌矿 （ZnS）	

二、利用多媒体图像对比判断表中矿物的反射率特征及视测分级。

矿物名称	镜下特征 （明亮程度，与标准矿物的对比情况）	视测分级
红砷镍矿 （NiAs）		
赤铁矿 （Fe_2O_3）		
铬铁矿 $(Fe,Mg)(Cr,Al)_2O_4$		

三、独立观测表中矿物反射率的镜下特征，并进行视测分级。

序号	矿物名称	镜下特征 （明亮程度，与标准矿物的对比情况）	视测分级
1	自然金 （Au）		
2	毒　砂 （FeAsS）		
3	黄铜矿 （$CuFeS_2$）		
4	辉锑矿 （Sb_2S_3）		
5	辰　砂 （HgS）		
6	石　英 （SiO_2）		

实验报告三　矿物的反射色

一、把本次实验所观测的典型矿物反射色的镜下特征及视测分级填入下表中。

序号	矿物名称	镜下特征	视测分级
1	黄铜矿 ($CuFeS_2$)		
2	黄铁矿 (FeS_2)		
3	斑铜矿 (Cu_5FeS_4)		
4	铜　蓝 (CuS)		
5	方铅矿 (PbS)		
6	辰　砂 (HgS)		
7	闪锌矿 (ZnS)		
8	方解石 ($CaCO_3$)		
9	辉银矿 (Ag_2S)		

二、把本次实验独立观测的矿物反射色的镜下特征及视测分级填入下表中。

序号	矿物名称	镜下特征	视测分级
1	自然金 （Au）		
2	赤铁矿 （Fe_2O_3）		
3	砷黝铜矿 [$(Cu,Fe)_{12}As_4S_{13}$]		
4	红砷镍矿 （NiAs）		
5	黑钨矿 [$(Fe,Mn)WO_4$]		
6	石　英 （SiO_2）		

实验报告四 矿物的双反射及反射多色性

一、把本次实验所观测的典型矿物的双反射及反射多色性的镜下特征及视测分级填入下表中。

序号	矿物名称	镜下特征	视测分级
1	铜 蓝 (CuS)		
2	辉锑矿 (Sb_2S_3)		
3	毒 矿 (FeAsS)		
4	黑钨矿 [(Fe,Mn)WO_4]		
5	闪锌矿 (ZnS)		

二、利用多媒体图像判断下表中矿物的双反射及反射多色性的镜下特征及视测分级。

序号	矿物名称	镜下特征	视测分级
1	黄铜矿 ($CuFeS_2$)		
2	雌 黄 (As_2S_3)		
3	石 墨 (C)		
4	黝锡矿 (Cu_2FeSnS_4)		

三、把本次实验独立观测的矿物双反射及反射多色性的镜下特征及视测分级填入下表中。

序号	矿物名称	镜下特征	视测分级
1	辉钼矿 (MoS_2)		
2	方铅矿 (PbS)		
3	斑铜矿 (Cu_5FeS_4)		
4	红砷镍矿 (NiAs)		
5	方解石 ($CaCO_3$)		
6	辉铋矿 (Bi_2S_3)		

实验报告五　矿物的均质性及非均质性

一、把本次实验观测的典型矿物的均质、非均质性的镜下特征及视测分级填入下表中。

序号	矿物名称	镜下特征	视测分级
1	铜　蓝 (CuS)		
2	辉锑矿 (Sb_2S_3)		
3	毒　砂 (FeAsS)		
4	黑钨矿 [(Fe,Mn)WO_4]		
5	闪锌矿 (ZnS)		

二、利用多媒体图像判断下表中矿物的均质性、非均质性特征并确定视测分级。

序号	矿物名称	镜下特征	视测分级
1	辉钼矿 (MoS_2)		
2	钛铁矿 ($FeTiO_3$)		
3	黝锡矿 (Cu_2FeSnS_4)		
4	方铅矿 (PbS)		

三、在下表中填入本次实验独立观测的矿物均质、非均质性的镜下特征及视测分级。

序号	矿物名称	镜下特征	视测分级
1	赤铁矿 (Fe_2O_3)		
2	辉铜矿 (Cu_2S)		
3	磁黄铁矿 (FeS)		
4	黝铜矿 [$(Cu,Fe)_{12}Sb_4S_{13}$]		
5	辉铋矿 (Bi_2S_3)		

实验报告六　矿物的内反射

一、用斜照光法观测下列典型矿物的内反射并把镜下特征及视测分级填入下表中。

序号	矿物名称	镜下特征	视测分级
1	孔雀石 [$CuCO_3 \cdot Cu(OH)_2$]		
2	石　英 (SiO_2)		
3	辰　砂 (HgS)		
4	黑钨矿 [$(Fe,Mn)WO_4$]		
5	赤铁矿 (Fe_2O_3)		
6	磁黄铁矿 (FeS)		

二、用严格正交偏光法观测孔雀石和黑钨矿内反射特征并与斜照光法观测结果对比。

序号	矿物名称	镜下特征	与斜照光法对比
1	孔雀石 [$CuCO_3 \cdot Cu(OH)_2$]		
2	黑钨矿 [$(Fe,Mn)WO_4$]		

三、利用多媒体图像判断下表中矿物的内反射特征并确定其视测分级。

序号	矿物名称	镜下特征	视测分级
1	蓝铜矿 [$2CuCO_3 \cdot Cu(OH)_2$]		
2	铬铁矿 $(Fe,Mg)(Cr,Al)_2O_4$		
3	磁铁矿 (Fe_3O_4)		
4	闪锌矿 (ZnS)		

四、在下表中填入本次实验独立观测的矿物内反射的镜下特征及视测分级。

序号	矿物名称	镜下特征	视测分级
1	雄　黄 (AsS)		
2	锡　石 (SnO_2)		
3	赤铜矿 (Cu_2O)		
4	方铅矿 (PbS)		
5	石墨 (C)		

实验报告七　矿物的硬度

Ⅰ　刻划硬度和抗磨硬度

一、在下表中填入用金属针刻划法观测的矿物的刻划硬度特征及视测分级。

序号	矿物名称	镜下特征	视测分级
1	黄铁矿 (FeS_2)		
2	闪锌矿 (ZnS)		
3	方铅矿 (PbS)		
4	毒　砂 (FeAsS)		
5	黄铜矿 ($CuFeS_2$)		
6	锡石 (SnO_2)		
7	黝铜矿 [$(Cu,Fe)_{12}Sb_4S_{13}$]		
8	辉钼矿 (Mo_2S)		

二、在下表中填入本次实验用接触亮线移动法观测的矿物抗磨硬度特征。

序号	矿物名称	镜下特征	抗磨硬度
1	辉银矿和方铅矿		
2	砷黝铜矿和方铅矿		
3	钛铁矿和磁铁矿		

Ⅱ　显微抗压硬度

一、用 HV－1000B 型显微硬度仪测量矿物的抗压硬度，并把结果填入下表。

矿物名称	测量次数	负荷/N	压痕对角线长度/mm	抗压硬度值/(kg/mm^2)
黄铜矿 ($CuFeS_2$)				
	抗压硬度值变化范围			
磁铁矿 (Fe_3O_4)				
	抗压硬度值变化范围			
闪锌矿 (ZnS)				
	抗压硬度值变化范围			

实验报告八　矿物的物理性质小结

一、把本次实验所观测的矿物的6项光学物理性质特征填入下表。

观测条件 ＼ 物理性质 ＼ 矿物编号			
自然光	反射色		
	反射率		
	硬　度		
单偏光	双反射		
正交偏光	均非性		
斜照光	内反射		

观测条件 ＼ 物理性质 ＼ 矿物编号			
自然光	反射色		
	反射率		
	硬　度		
单偏光	双反射		
正交偏光	均非性		
斜照光	内反射		

实验报告九　矿物的综合鉴定

一、把本次实验所观测的未知矿物的综合鉴定结果填入下表中。

<table>
<tr><td colspan="2">未知矿物光片号</td><td></td><td></td></tr>
<tr><td colspan="2">反　射　率</td><td></td><td></td></tr>
<tr><td colspan="2">硬　　度</td><td></td><td></td></tr>
<tr><td colspan="2">未知矿物所在的
鉴定表和页码</td><td></td><td></td></tr>
<tr><td colspan="2">反　射　色</td><td></td><td></td></tr>
<tr><td colspan="2">双反射及
反射多色性</td><td></td><td></td></tr>
<tr><td colspan="2">均　非　性</td><td></td><td></td></tr>
<tr><td colspan="2">内　反　射</td><td></td><td></td></tr>
<tr><td colspan="2">查表所得的一组
(或一个)相似矿物</td><td></td><td></td></tr>
<tr><td rowspan="2">区分相似矿物</td><td>浸蚀反应</td><td></td><td></td></tr>
<tr><td>矿物产出特征</td><td></td><td></td></tr>
<tr><td colspan="2">定　　名</td><td></td><td></td></tr>
<tr><td colspan="2">验证鉴定结果
(微化分析)</td><td></td><td></td></tr>
</table>

续表

未知矿物光片号			
反　射　率			
硬　　度			
未知矿物所在的 鉴定表和页码			
反　射　色			
双反射及反射多色性			
均　非　性			
内　反　射			
查表所得的一组 （或一个）相似矿物			
区分相似矿物	浸蚀反应		
	矿物产出特征		
定名			
验证鉴定结果 （微化分析）			

实验报告十一　常见矿物的简易鉴定

一、把本次实验所观测的常见矿物的主要鉴定特征填入下表中。

序号	矿物名称	主要鉴定特征
1		
2		
3		
4		
5		
6		
7		
8		
9		
10		
11		
12		
13		

续表

序号	矿物名称	主要鉴定特征
14		
15		
16		
17		
18		
19		
20		
21		
22		
23		
24		
25		
26		
27		
28		

实验报告十一　矿石构造

一、把本次实验所观察的矿石构造特征按成因类型填入下表中。

矿石构造的成因类型	矿石构造的形态类型	矿石构造特征（包括矿物成分、集合体形态、大小及接触关系）	矿石产地
岩浆矿石构造			

续表

矿石构造的成因类型		矿石构造的形态类型	矿石构造特征（包括矿物成分、集合体形态、大小及接触关系）	矿石产地
气水热液矿石构造	热液充填矿石构造			
	热液交代矿石构造			

续表

矿石构造的成因类型	矿石构造的形态类型	矿石构造特征（包括矿物成分、集合体形态、大小及接触关系）	矿石产地
风化矿石构造			
沉积矿石构造			

续表

矿石构造的成因类型	矿石构造的形态类型	矿石构造特征（包括矿物成分、集合体形态、大小及接触关系）	矿石产地
变质矿石构造			

二、选择两种典型矿石构造，画出矿石构造素描图（注意：图名、图例、比例尺）。

实验报告十二　矿石结构及矿物晶粒内部结构

一、把本次实验所观察的矿石结构及晶粒内部结构特征按成因类型填入下表中。

矿石结构的成因类型	矿石结构的形态类型	矿石结构及晶粒内部结构特征（包括矿物成分、颗粒特点及相互接触关系）
熔体和溶液的结晶结构		
交代结构		

续表

矿石结构的成因类型	矿石结构的形态类型	矿石结构及晶粒内部结构特征（包括矿物成分、颗粒特点及相互接触关系）
固溶体分解结构		
胶体物质重结晶结构		
沉积结构		

续表

矿石结构的成因类型	矿石结构的形态类型	矿石结构及晶粒内部结构特征（包括矿物成分、颗粒特点及相互接触关系）
结晶物质重结晶及动力结构		
矿物晶粒内部结构		

二、选择两种典型结构类型，画出镜下素描图（注意：图名、图例、比例尺）。

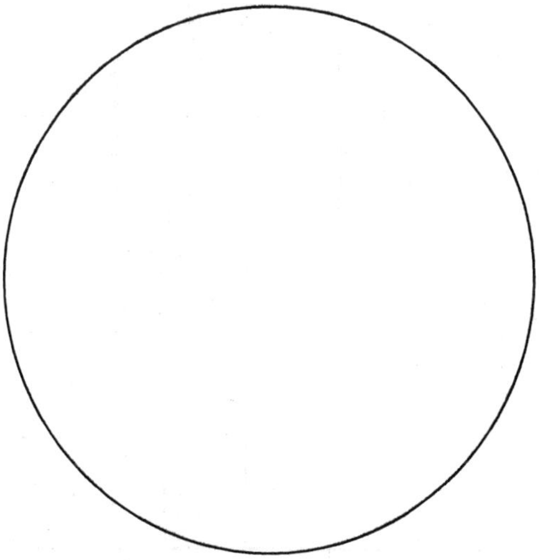

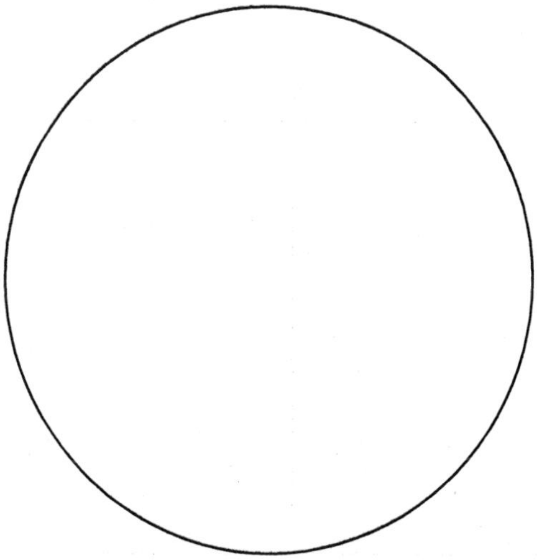

实验报告十三　矿化阶段及矿物生成顺序

一、结合具体标本，把本次实验所观察的划分矿化期的主要标志填入下表中。

划分矿化期的主要标志		矿化期
典型矿石构造类型	矿物集合体形态、成分、大小、接触关系及矿物组合	

二、结合本次实验所观察的具体矿石构造标本，把划分矿化阶段的主要标志填入下表中。

划分矿化阶段的主要标志		矿化阶段
典型矿石构造类型	矿物集合体形态、成分、大小、接触关系及矿物组合	

三、根据本次实验观测的矿石结构特征，把确定矿物生成顺序的主要标志填入下表中。

	典型矿石结构类型	矿物成分、颗粒特点及相互接触关系	矿物生成顺序
矿物先后形成的标志			
矿物同时形成的标志			

四、独立鉴定某矿床一张光片，要求：

1.用简易鉴定方法鉴定出光片中的5种常见矿物(4种金属矿物，1种非金属矿物)，并把它们的主要鉴定特征填入下表中。

序号	常见矿物主要鉴定特征	矿物定名
1		
2		
3		
4		
5		

2.把光片中发育的主要结构类型及它们所反映的矿物生成顺序标志填入下表。

主要结构类型	矿物成分、颗粒特点及相互接触关系	矿物生成顺序

3. 选择两种典型结构，画出镜下素描图(注意：图名、图例、比例尺)。

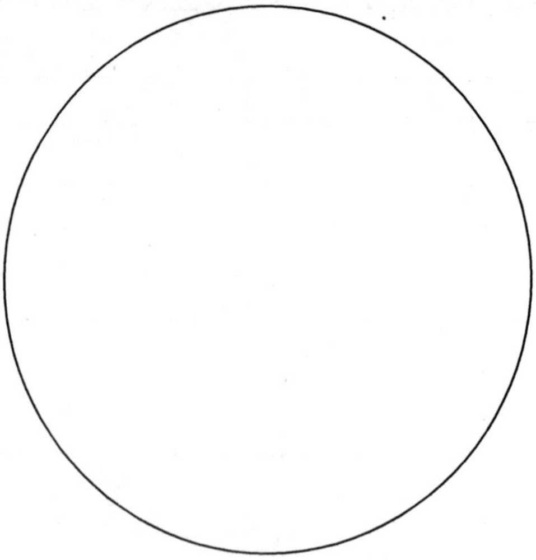

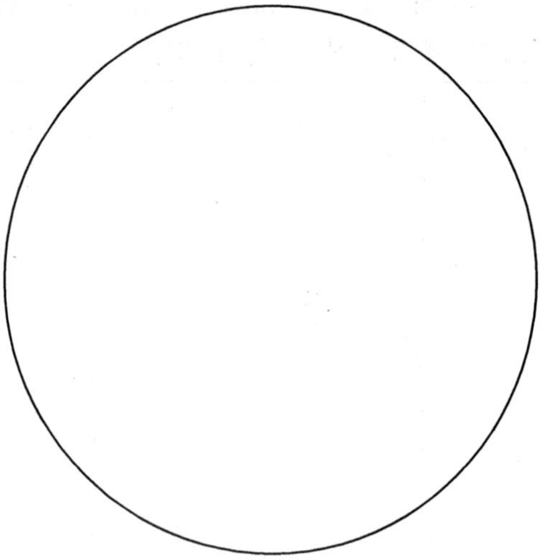

4. 根据以上资料，编制矿物生成顺序简表。

实验报告十四　矿物的嵌布粒度测定

一、测数测线上遇到的矿物颗粒嵌布粒径并按粒级填入下表中。

粒级	刻度格数	粒度范围(mm)	实测颗粒数(颗)
Ⅰ	<64～32	<1.702～0.896	
Ⅱ	≤32～16	≤0.896～0.448	
Ⅲ	≤16～8	≤0.448～0.224	
Ⅳ	≤8～4	≤0.224～0.112	
Ⅴ	≤4～2	≤0.112～0.058	
共计	<64～2	<1.702～0.058	

二、根据测量结果按下表要求计算并把计算结果填入表中。

粒级	粒度范围(mm)	比粒径 d	实测颗粒数 n	含量比 nd	含量分布 $nd/\sum n(\%)$	累计含量 $\sum nd/\sum n(\%)$
Ⅰ						
Ⅱ						
Ⅲ						
Ⅳ						
Ⅴ						
共计			$\sum n=$			

实验报告十五　有用矿物单体解离度的测定

一、统计某金矿床金矿石磨碎至 40 目(0.36mm)时矿物单体与连生体的颗粒数,并把结果填入下表。

颗粒类型 / 实测颗粒数 / 矿物名称	单体	连生体				
		1∶1	3∶2	4∶1	2∶3	1∶4

二、根据统计数据,计算每种矿物的单体解离度。

实验报告十六　矿石学课程作业

一、根据镜下观测及研究结果填写光片鉴定报告。

矿床名称		光片编号	
采集地点		野外定名	
矿物名称	主要鉴定特征		

主要结构类型	结构特征	矿物生成顺序

续表

矿床名称		光片编号	
采集地点		野外定名	
矿物成分	主要鉴定特征		

主要结构类型	结构特征	矿物生成顺序

二、按照矿石学课程作业大纲的要求，编写报告。